8°S
1035

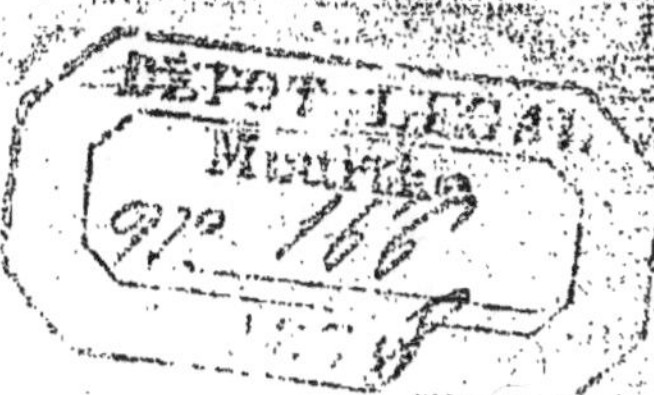

LE
ROLE DE L'ATMOSPHÈRE
DANS LES
SOLS STÉRILES

PAR

E. DUROSELLE

Si vous voulez le bien
Ne comptez pas vos adversaires.

<table>
<tr><td>NANCY</td><td></td><td>PARIS</td></tr>
<tr><td>NICOLAS GROSJEAN
Libraire
PLACE STANISLAS, 7</td><td></td><td></td></tr>
</table>

1878

LE
ROLE DE L'ATMOSPHÈRE

DANS LES

SOLS STÉRILES

PAR

E. DUROSELLE

Si vous voulez le bien
Ne comptez pas vos adversaires.

NANCY	PARIS
NICOLAS GROSJEAN,	
Libraire	
PLACE STANISLAS, 7	

1878

8° S 1035

PRÉFACE

—

L'amélioration, ou plutôt l'*augmentation de
la richesse du sol* ne peut venir *que d'un apport
extérieur plus considérable que la déperdition
provoquée par l'enlèvement des récoltes ou
par des causes météorologiques, telles que les
ravages des pluies , etc.*

Le simple bon sens indique que dans le plus
grand nombre des exploitations l'atmosphère
seule peut compenser tous les entraînements
vers les villes, les fleuves et l'Océan. C'est
l'œuvre éternelle de la Providence, œuvre créa-
trice et réparatrice incessante.

Supposons que du sein de quelque grande
mer une éruption volcanique fasse tout-à-coup
surgir une masse considérable de scories absolument impropres à entretenir la végétation. Que
va-t-il se passer ?

L'air, les vents et la pluie y apporteront sans cesse l'hydrogène, l'oxigène, l'azote, l'acide carbonique et un nombre infini de corpuscules qui attaqueront la roche, s'arrêteront dans ses fissures, se combineront, se déposeront dans les interstices où sera préparé ainsi le berceau des semences légères que la tempête y amènera des continents.

Dans les situations les plus basses, où l'humidité subsiste, ces semences germeront, leurs radicelles s'étendront et se cramponneront dans les fentes entr'ouvertes, le long de leurs parois, sous la poussière, et de petites feuilles s'étaleront à la lumière.

Puis ce feuillage disparaîtra, mais les racines subsisteront, s'étendront, s'enchevêtreront et le gazon se formera. La plante végétera en prenant dans l'air l'acide carbonique, l'oxygène, l'azote, l'hydrogène qu'elle accumulera jusques après la destruction de sa tige et de ses feuilles à la place où elle est née. Mais au printemps suivant elle renaîtra avec une force nouvelle. Les semences qu'elle a laissé tomber l'entoureront d'une famille qui concourra aux mêmes effets qu'elle-même avait produits. Les eaux pluviales apporteront des parties supérieures

les éléments fournis par une lente désaggréga-
tion. La plaine se couvrira peu à peu de verdure. Les oiseaux viendront y célébrer la gloire
du Créateur et l'homme n'aura plus qu'à y
planter sa tente.

AVANT-PROPOS

—

Voici le résultat de nombreuses expériences suivies, durant trente années, sur des surfaces considérables et toutes ayant abouti, après des déceptions préalables, à l'amélioration de trois fermes prises dans les plus mauvaises conditions qu'il soit possible d'imaginer.

Les deux premières étaient des forêts défrichées où le seigle ne pouvait plus venir. Quant au blé, à peine arrivait-il au moment de l'épiage sans disparaître du sol. Dans ces conditions les phosphates des os ont donné de bons résultats, seuls ou combinés avec les engrais verts ; 500 kilog. ont fait obtenir jusqu'à 38 hectolitres de grain et cela longtemps avant que des études sérieuses fussent faites sur cette question dans nos départements de l'Est, ainsi qu'il résulte d'une affirmation solennelle, et datant de 1851, de la Société d'agriculture de Nancy.

Si donc, aujourd'hui, pour *l'amélioration*

des sols stériles nous croyons devoir accorder la supériorité à d'autres éléments de la richesse, ce n'est pas que nous voulions nier l'efficacité de ceux que nous avons prônés il y a longtemps. Mais puisqu'il s'agit *d'améliorer*, c'est-à-dire d'apporter des principes de fertilité plus abondants que ceux qui sont enlevés au sol d'où ils sembleraient plutôt devoir disparaître, soit par l'exportation des récoltes, soit par suite d'une situation défavorable ; puisqu'il s'agit surtout d'obtenir ce résultat sans frais tout en enlevant des éléments de richesse à la terre et en ne lui restituant qu'une faible partie de ce qu'elle a donné, nous devons chercher le moyen le plus facile, le moins dispendieux et le plus sûr à la fois de lui fournir ce qui peut modifier son état physique et chimique, lui permettre de conserver l'humidité, d'absorber les gaz, d'amener enfin la plante à parfaire sa végétation et à se développer complètement (1).

---

(1) Dans une conférence publique faite à Nancy, le 19 juillet 1877, le rôle de l'atmosphère a été décrit avec soin et il a été démontré, ou tout au moins établi, que 50 p. 0/0 des éléments les plus riches contenus dans les récoltes sont perdus chaque année pour la plupart des fermes qui ne peuvent en trouver la restitution que dans l'apport des eaux pluviales et de l'air.

Mais ici les contradictions ne feront pas défaut : prendre un sol épuisé, ne rien lui fournir et cependant l'enrichir tout en lui demandant des récoltes, voilà un problème impossible à résoudre. Et pourtant cela est, cela se fait partout et chaque jour, cela est réalisé sans cesse par la nature, mais sans être compris, sans être surtout appliqué d'une manière complète, régulière ou suffisante.

Il n'y a rien de nouveau sous le soleil, mais l'homme passe souvent à côté d'une mine sans songer à l'exploiter. Quand nous avons indiqué les ressources qu'on peut trouver dans le mélilot blanc avons-nous donc prétendu créer quelque chose ? Point du tout. Il fallait lui assigner sa place véritable et en retirer quelque nouveau produit ; c'était bien peu, mais c'était le point où il importait d'arriver.

De même, il ne s'agit aujourd'hui que de tirer parti de cette merveilleuse puissance que l'on reconnaît dans la nature et qui tend à maintenir l'équilibre et l'harmonie dans tout l'univers.

La richesse est entraînée de la montagne vers la plaine et de la plaine à l'Océan par les torrents, par les rivières et par les fleuves ; mais

Or, pour cela répétons-le, il suffit de tirer parti des ressources infinies que l'atmosphère envoie continuellement aux montagnes comme à la plaine, d'ouvrir profondément le sein de la terre et d'y enfouir les plantes qui respirent et qui vivent le mieux au dépens de l'air qui les environne. C'est là que la science doit chercher, c'est de ce côté que l'agriculteur doit se tourner, c'est ainsi peut-être que sera résolu le grand problème social de la création du bien-être général par l'abondance de la production.

DE L'AMÉLIORATION DES SOLS STÉRILES

A FRAIS RÉDUITS

I.

L'une des plus importantes questions de l'agriculture moderne, qui se trouve en face de nombreuses difficultés, est, sans contredit, l'amélioration des mauvais sols ; car il est certain que ces sortes de terres, obligées de soutenir la concurrence des meilleures, sont généralement entre les mains de cultivateurs peu aisés ou de propriétaires prudents qui hésitent à faire des dépenses considérables pour changer la nature de leurs biens.

Une pareille exploitation est, en effet, presque toujours onéreuse, et cela sans offrir aucune garantie de durée, car il est de l'essence des sols de qualité inférieure, habituellement légers, poreux et peu profonds, de s'épuiser rapidement et de revenir assez vite à l'état d'infériorité d'où les cultivateurs intelligents les ont tirés à force de frais, de soins et de travail.

De là résultent des découragements qui accélèrent le mouvement de la dépopulation des campagnes par l'abandon des propriétés rurales déclarées infertiles, et cela au grand détriment de tous, car la production, ralentie sur des surfaces considérables, ne peut se mettre au niveau des exigences de la consommation, et il en résulte que le mal tend à se généraliser plutôt qu'à s'atténuer.

Il est clair que la désertion dont on se préoccupe tant trouve l'une de ses causes principales dans la perte que fait redouter au cultivateur une exploitation dangereuse, tandis que s'il entrevoit la possibilité de s'enrichir là où il ne faisait qu'équilibrer son budget, il reprendra courage et restera fidèle à son poste d'honneur.

On comprendra de même que les progrès accomplis par la culture intensive ou par la fortune dans les sols riches ne sauraient toujours être offerts comme un exemple à l'agriculteur auquel le capital et la bonne terre font défaut. Entre ces deux situations, un véritable abîme est ouvert, de sorte que, sous peine d'insuccès, il faut chercher à relever la plupart des fermes de France par des moyens peu onéreux, assurant des bénéfices sérieux et tout à fait rémunérateurs.

Les terres riches, comme les grands capitaux, ont devant elles l'assurance du succès, de sorte que l'on peut affirmer que si l'on ne parvient à augmenter considérablement les récoltes des sols stériles, les autres continueront par la force des choses leur marche progressive, tandis que les terres mal situées ne pourront suivre l'exemple des meilleures et resteront en arrière jusqu'à ce qu'elles soient définitivement abandonnées, au grand détriment de tous les intérêts.

Voilà pourquoi, après de longues années d'expérience, j'ai cru devoir insister sur la culture du mélilot de Sibérie et du topinambour, qui sont les plantes fourragères par excellence des sols arides.

A ce premier moyen deux autres viennent s'ajouter naturellement : l'extension momentanée des pâturages avec la restriction corrélative des surfaces soumises à la culture, puis l'emploi des engrais verts, suivant la méthode que j'ai cru devoir nommer : la jachère verte et la création des composts naturels.

C'est par l'ensemble de ces moyens que l'on peut, en quelques années, augmenter dans une proportion considérable et sans faire de sacrifices, la fertilité du sol, pour arriver en fin de compte à obtenir de grandes récoltes à la place où régnaient à la fois la friche et la misère.

Mais comme nous touchons à la question si importante de l'emploi simultané des graminées et des légumineuses fourragères, qu'il nous soit permis d'en dégager un point de vue qui semble erroné, sauf à ses promoteurs de le défendre par des exemples d'une expérimentation aussi prolongée que celle sur laquelle repose mon opinion.

J'ai obtenu d'excellents résultats en mélangeant la graine de mélilot avec celle de luzerne dans une proportiom assez faible pour ne pas nuire à la végétation de la plante destinée à former une prairie artificielle de longue durée.

La luzerne, restant seule à partir de la deuxième année de production, avait dès lors seulement été aidée à fournir de bonnes récoltes au moment où elle ne s'était pas encore assez développée.

Mais l'association d'une graminée à une plante que l'on voit dépérir et puis disparaître qnand le gazonnement se forme autour d'elle, ne peut se faire que si l'on se résigne d'avance à en opérer la destruction rapide.

Aussi les hersages énergiques destinés, au printemps, à détruire la mousse et toutes les herbes qui envahissent les luzernières, sont-ils de la plus haute utilité. Dans le midi, l'on se sert de petites charrues pour obtenir le même effet d'une manière plus complète encore, et j'ai souvent rencontré dans des fissures de rochers des plantes isolées, dont la végétation était plus vigoureuse que celle de la même légumineuse dans un sol riche dont le gazon couvrait la surface.

Tout ceci a d'autant plus d'importance que l'un des buts qu'il faut poursuivre avant tout est précisément la préparation du sol à se couvrir de luzernières saines et durables qui puiseront à la fois la richesse dans le sous-sol comme dans l'atmosphère, c'est-à-dire aux sources trop généralement négligées qui sont pourtant des mines inépuisables destinées à fournir la richesse gratuitement pour ainsi dire aux terres les plus arides.

II

DU PATURAGE.

Si nous nous sommes proposé de rechercher les principes qui pourront guider l'agriculteur dans l'exploitation des sols stériles et lui permettre de marcher d'un pas ferme dans une voie où les dangers fourmillent, c'est que ces sortes de terres paraissent devoir échapper aux règles les mieux établies, tandis que, plus que partout ailleurs, il faudrait pouvoir y appliquer des lois certaines qui servissent de point d'appui dans une si périlleuse entreprise.

On sait combien d'hommes intelligents se sont trompés en suivant dans des situations semblables les règles les plus sûres, et comme la vieille expérience du cultivateur se détourne avec soin des terres réputées improductives pour se diriger vers les plus fertiles.

Presque toujours, les fermiers ou les propriétaires qui, cédant à l'appât du bon marché, sont venus jeter leurs capitaux ou leur travail dans une exploitation de cette nature le regrettent bientôt, car ils ont fait comme celui qui aurait acheté une maison en ruines sans s'apercevoir qu'il devra la renverser et puis la reconstruire à grands frais.

Il en est de même lorsqu'on entreprend la culture d'une terre épuisée qu'il faut refaire d'abord avant de pouvoir en obtenir des produits.

La première rotation qui peut durer plusieurs années est toute consacrée à la reconstitution du sol. La deuxième permet de ramener l'équilibre entre la recette et la dépense. La troisième donne des résultats avantageux à l'exploitant, s'il n'a pas abusé des forces renaissantes de son malade ou s'il ne s'est pas usé lui-même dans son travail au profit d'un successeur qui recueillera le fruit de la persévérance et des sacrifices de son devancier.

En présence de faits pareils, des découragements qu'ils provoquent et de l'éloignement qu'ils inspirent au capital pour l'agriculture, il convient d'étudier la question avec le plus grand soin, et de voir s'il n'est pas quelque moyen de reconstituer sans grande dépense la richesse d'un sol épuisé,

Pour cela, reprenons les règles les plus accréditées de l'agriculture moderne, et voyons, avant de marcher plus loin, comment elles peuvent aider à la solution du problème.

« Il faut une tête de bétail à l'hectare, a-t-on
« dit. La culture intensive peut seule permet-
« tre de couvrir les frais et de réaliser un béné-
« fice en présence de l'élévation croissante du
« taux des salaires. L'on doit s'attacher à obte-
« nir des quantités considérables de fourra-
« ges... »

Cela est bien. Mais comment réaliser de pareilles propositions là ou l'hectare ne donne que 7 ou 8 hectolitres de blé, ce qui est en même temps, la mesure des autres récoltes ?

Les exploitations de ce genre sont nombreuses pourtant, puisque la moyenne de la production française en blé n'est que de 14 hectolitres et qu'elle se trouve élevée à ce chiffre par les terres qui en donnent de 15 à 30, et même au delà !

Que de fermes où l'on ne peut entretenir convenablement un quart de tête de bétail là où il en faudrait plutôt une et demie pour ramener rapidement la richesse d'où sortiraient les récoltes rémunératrices.

Devra-t-on se procurer des fourrages au dehors, acheter des engrais ou reboiser ?

Ce dernier moyen n'est pas à la portée de tous. Il faut pouvoir attendre longtemps. La sécheresse peut détruire les plantations, et alors la dépense est sacrifiée.

Acheter le fourrage, c'est vouloir s'exposer à mille inconvénients, tels que perte de temps, changements continuels dans l'alimentation du bétail, accidents d'auberge et de route,... Acheter des engrais commerciaux ; mais dans un sol aride, si l'on veut les employer au printemps, presque jamais ils n'agissent qu'à l'automne pour aider au développement de quelques mauvaises herbes succédant à une mauvaise récolte.

Est-ce ainsi que l'on pourrait faire de la culture intensive, et ne s'exposerait-on pas à dépenser en main-d'œuvre et en frais de toute sorte bien au-delà de ce que l'on obtiendrait pendant de longues années ?

Hâtons-nous de sortir d'une pareille impasse, et puisque nous pensons que le pâturage est l'un des moyens les plus sûrs de nous en retirer, étudions-le avant d'arriver à celui qui peut le mieux nous permettre d'atteindre le but.

Et d'abord, puisque la main-d'œuvre est rare et chère, n'est-ce pas ainsi qu'il est le plus facile de l'épargner ?

On peut dès lors tirer parti de la production la plus avantageuse, qui est celle du bétail. Si l'on n'a pas de fourrages pour l'hiver, on aura obtenu de l'engrais et de la viande durant l'été. Puis l'on réalisera facilement à l'automne un bénéfice qui donnera pleine satisfaction.

Aussi est-on tenté parfois de dépasser le but. On consacre des exploitations entières à l'élève des animaux ou à leur engraissement. On abandonne complètement la culture et l'on revient au régime pastoral le plus primitif.

Sans doute, rien de plus séduisant qu'une méthode qui fait profiter du renchérissement d'un produit, qui épargne la main-d'œuvre comme les soucis de l'administration, et qui permet de se reposer pendant six mois d'hiver après que l'on s'est promené pour ainsi dire durant la belle saison en exerçant une surveillance très-facile.

Mais ne serait-il pas plus avantageux de tirer le meilleur parti possible de l'engrais fourni par le bétail ? Comme le pâturage en donne peu, au lieu d'une tête par hectare de terre mise en culture, il en faudra peut-être une et demie, ce qui réduira considérablement les surfaces destinées à fournir des récoltes.

Du moins on aura, si restreinte qu'elle soit, une exploitation parfaitement régulière et productive sur un espace proportionné à la quantité d'engrais dont on disposera. Il pourra se faire que le quart ou le cinquième seulement d'une propriété soit ainsi mis en culture pour en recommencer la reconstitution. Mais le bénéfice se trouvera partout assuré et l'on sera encouragé par les résultats suivants :

1° Le pâturage fournira les produits qui sont aujourd'hui les plus rémunérateurs ; 2° il améliorera le sol où on l'aura établi ; 3° il permettra de fertiliser celui où l'on emploiera les fumiers qu'il aura permis de créer.

Au lieu de cultiver presque toute la ferme, on en exploitera d'abord une faible partie, mais on sera bien surpris de se voir tous les ans forcé pour ainsi dire d'étendre cette exploitation par suite de l'augmentation des produits et du développement des ressources fourragères dont on disposera.

Il paraît étrange au premier abord que dans une même situation les deux méthodes les plus opposées puissent concourir au même but. Pourtant la vérité est là. Pâturage et culture juxtaposés se prêtent dans un mauvais sol un mutuel appui, à la condition d'être réglés par la prudence qui obtient d'autant plus de récoltes qu'elle en demande moins à la terre.

C'est ainsi que la main-d'œuvre se trouve rémunérée partout. Nulle dépense n'est plus aventurée. La conquête de la terre est à peu près réalisée par celui qu'elle avait fait reculer d'abord. Le pain et la viande sortent en même temps de la ferme pour arriver au marché. L'on est parti de la friche et du pâturage pour arriver à la culture, et l'on parvient bien vite à créer de riches prairies alternes dans les plus mauvais sols où tout d'abord la faucheuse n'aurait pu rien trouver.

Car, si le pâturage doit précéder le travail de la charrue, celui-ci doit nécessairement préparer la grande récolte fourragère dans les terres stériles.

Il paraîtra sans doute inutile d'indiquer par quels moyens on obtiendra le gazonnement dont nous ferons bientôt ressortir de nouveaux avantages.

On sait que les graminées et le trèfle blanc réussissent bien dans les situations où la silice domine ; que la lupuline au contraire, avec la plupart des légumineuses, préfère les terrains calcaires ; que la grande pimprenelle est fort peu exigeante, qu'elle est vivace et plus résistante que le sainfoin. Laissons de côté cette question, afin d'arriver plus vite au but que nous nous sommes proposé d'atteindre.

A côté du mélilot de Sibérie, du Topinambour, et du seigle combiné avec la vesce d'hiver, nous venons de constater la puissance régénératrice du pâturage, car il nous a paru utile de mettre en présence la méthode qui consiste à aventurer les capitaux dans les mauvais sols pour les améliorer aussi rapidement que faire se peut, et celle qui, s'appuyant sur la prudence, permet d'en réaliser la conquête lentement et sans rien risquer.

Ne voulant pas nous écarter des règles généralement et justement acceptées , mais quelquefois appliquées imprudemment , nous avons vu que la science expérimentale n'a rien à céder de ses droits si elle les exerce sous la direction de la véritable intelligence de la terre. Mais il faut reconnaître aussi que le moyen pratique et sûr qui vient d'être examiné présente l'inconvénient d'une lenteur à laquelle il serait utile de pouvoir remédier ; c'est pourquoi nous allons étudier celui qui, venant s'y ajouter, nous paraît devoir aider avec le plus de puissance et de rapidité à l'accomplissement de cette œuvre d'amélioration que réclame notre agriculture.

III

LES ENGRAIS MINÉRAUX

Si l'on a cru pouvoir affirmer que l'amélioration des sols stériles entraînerait nécessairement celle des terres de bonne qualité en même temps qu'elle opposerait une digue puissante à la dépopulation des campagnes ; si ensuite, comme moyen de parvenir au but, on a indiqué la concentration des forces, capital, engrais, etc., sur une surface restreinte, à côté de la création des pâturages sur la plus grande étendue des exploitations, de manière à empêcher qu'aucune chance mauvaise ne subsiste pour l'exploitant, il fallait soulever la seule objection que l'on pourrait opposer à une méthode prudente qui, tout en assurant le succès comme en préparant la reconstitution du sol, ne permet de l'amener à la fertilité qu'avec une certaine lenteur.

Mais avant de pénétrer plus loin dans la question, qu'il nous soit permis de dire que nous ne voulons énoncer que des propositions dérivant de l'examen attentif des faits, qu'il ne s'agit nullement de théories vagues, et que cette étude n'est que le résumé des grandes leçons que nous avons demandées à la nature et que nous continuons d'y chercher.

Et d'abord, puisque nous avons résolu de suivre pas à pas la voie que nous nous sommes tracée, divisons les sols stériles, qu'ils le soient naturellement ou qu'ils aient été imprudemment épuisés, en deux grandes classes bien distinctes : 1° ceux où l'élément calcaire fait défaut ; 2° ceux où il se montre en excès.

Nous avons exploité des terres de toutes sortes, réduites par nos devanciers à la plus complète stérilité, et c'est en les ramenant à une production normale que nous avons pu observer les phénomènes qui les ont modifiées, parfois avec lenteur, d'autres fois avec une rapidité étonnante, souvent au moyen de grandes dépenses et souvent aussi, pour ainsi dire, sans aucuns frais.

La plupart des terres siliceuses à sous-sol imperméable sont en Lorraine comme la création d'une culture imprudente et toute récente à la fois. Il y a peu d'années qu'elles étaient en forêts, tandis que les sols argileux ou argilo-calcaires y produisaient du blé de temps immémorial.

De nombreuses autorisations de défrichement contribuèrent, avec le progrès agricole préparé par la grande école de Mathieu de Dombasle, à faire tomber les arbres séculaires qui étendaient leur ombre ou plutôt leur protection sur de vastes surfaces, qui bientôt furent ensemencées et donnèrent de magnifiques récoltes. La richesse accumulée pendant tant d'années par la décomposition des débris végétaux faisait sortir du sol des moissons luxuriantes, et après avoir réalisé de grands bénéfices au moyen de la vente du bois, on espérait en recueillir autant de la culture, puis conserver le fonds avec toute sa valeur.

Mais ce n'est pas en prenant sans cesse à la terre sans rien lui rendre que l'on peut assurer de pareils résultats. On avait tué la poule aux œufs d'or et les déceptions allaient venir.

Tout à coup le sol fatigué refusa de produire, la semence du blé ne tombait plus sur le guéret que pour s'y perdre. Les fermiers découragés se retiraient. Les propriétaires étaient désolés, parce que ne pouvant louer leurs terres, ils se voyaient forcés de les vendre à vil prix, quelquefois pour moins d'argent que ne leur avaient coûté les bâtiments d'exploitation ; de sorte que l'on en était venu à dire que rien ne pouvait ramener à la fertilité les sols des défrichements épuisés par une culture imprévoyante.

C'était donc une grande imprudence de méconnaître les causes qui avaient laissé vivre, au milieu des terres livrées à la charrue, ces belles forêts que nos ancêtres avaient épargnées pour subir tant de fatigues en exploitant des sols d'une ténacité bien plus grande.

C'est que la production du blé était autrefois la base de toute méthode agricole, et que la jachère avec l'assolement triennal ne pouvait convenir sans autres soins dans les terres siliceuses que l'on venait de livrer à la culture.

Bientôt l'acide phosphorique et la chaux en ayant disparu, les récoltes de grains étaient impossibles et l'on ne voyait plus que de larges taches d'oxalis qui, au printemps, couvraient le sol de leur triste végétation.

Telle était la situation d'une partie de la ferme des Ervantes en 1849. Nous ne voulûmes pas abandonner une propriété de famille, et il nous parut évident que le meilleur moyen d'y obtenir des récoltes était d'employer la poudre d'os ou les phosphates à la dose de 500 kilogr. à l'hectare.

Hâtons-nous de dire que 100 kilog. de ces sortes d'engrais nous ont toujours donné, dans les terres siliceuses ou argilo-siliceuses des fermes dites des Ervantes et de Beauchamp, une mieux value approximative en grain de 150 kilog. de colza, de 200 kilog. de blé ou de 300 kilog. de seigle et de 300 kilog. de paille dès la première année, sans compter les produits des années suivantes. Les exemples sont aussi nombreux qu'irrécusables. La *Société d'Agriculture* (1) de Nancy les a constatés, et toute la région en a conclu aussitôt qu'il fallait revenir sur la condamnation dont avaient été frappées les terres de défrichements qui semblaient renaître sous l'action d'une substance jusqu'alors délaissée ou méconnue dans les départements de l'Est. La dite *Société* crut devoir employer toute son influence pour faire adopter les phosphates des os par les fermiers et les propriétaires des sols siliceux qui provenaient du défrichement des forêts, et dès 1851

---

(1) Elle accorda à l'auteur un prix spécial pour la récompenser du service qu'il venait de rendre au pays (Grande médaille d'argent 1851.)

(Note de la Rédaction.)

l'emploi s'en généralisa dans le département de la Meurthe.

Mais fallait-il en conclure qu'il y avait amélioration réelle et durable du sol, et que ce même sol avait d'abord été épuisé complètement parce qu'il ne pouvait plus rien produire sans l'addition d'une sorte d'engrais particulière ?

Évidemment non ! 100 kilog. de substance ne sauraient en donner 1000, et si le défaut d'un élément nécessaire à la végétation l'empêchait de se développer aussitôt après l'épuisement des cotylédons, l'apport de cet élément facilitait l'absorption de ceux qui, jusqu'alors restés encore en réserve parce que les végétaux n'avaient pu se les assimiler, allaient en être enlevés de plus belle.

Les engrais de commerce ne peuvent donc en général améliorer les mauvaises terres qu'indirectement par le bon emploi des pailles et des fourrages qu'ils permettent de récolter ; il faut les y utiliser à l'automne autant que possible ; mais c'est un point capital d'arriver au moyen de 500 kilog. de phosphates, par exemple, à obtenir dès la la première année jusqu'à 38 hectolitres de grain et 3,500 kilog. de paille à l'hectare, là où l'on en aurait retiré à peine le tiers sans engrais. S'il n'y a pas là d'amélioration réelle, on y trouve un moyen de la réaliser très-vite ; et de plus l'assurance que bien souvent les sols où domine le silice ne sont pas autant épuisés qu'on se l'imagine, puisqu'il suffit de l'apport très-faible d'un élément nouveau pour leur rendre une grande énergie.

Or, si nous ne reconnaissons pas ici un résultat suffisant au point de vue de la durée, il faut ajouter que dans les sols calcaires les engrais demandés au commerce devant être principalement azotés et s'y décomposant très-vite, ne sauraient non plus y assurer l'avenir. Nous avons vu les phosphates y échouer de la manière la plus complète, surtout lorsqu'ils étaient employés après l'hiver, et cela s'explique trop facilement pour qu'il y ait lieu d'insister.

L'humus s'y reconstitue avec peine, tandis que la chaux aide à le faire disparaître. Ils sont plus productifs que les autres, surtout de grain, lorsqu'ils sont revenus à un état satisfaisant de fertilité ; mais nous avons pu constater par nous même que là surtout une première fumure et les plus grands soins sont quelquefois inutiles.

Si le gazonnement ne s'y est pas fait, ils se tassent, et les eaux pluviales glissent à leur surface sans pouvoir leur apporter aucun élément de richesse, tandis qu'elles entraînent les molécules les plus meubles et les plus utiles qui les recouvrent, de sorte qu'elles continuent de s'épuiser contrairement à toutes les prévisions, mais que dans les terres siliceuses le feuillage et les racines du gazon qui s'y forment naturellement retiennent ou absorbent des quantités considérables d'azote et d'acide carbonique.

Ainsi nous avons vu en quelques années une couche de plusieurs centimètres de terreau se former dans celles-ci, tandis que pendant une même période un sol éminemment calcaire n'avait laissé voir qu'une quantité innombrable de pierres entre lesquelles aucune végétation ne se montrait

BIBLIOTHÈQUE NATIONALE
R. F.
IMPRIMÉS

Ce sont néanmoins les terres calcaires qui finissent presque toujours par devenir les plus fertiles, parce que la désagrégation des roches y apporte continuellement sa richesse, que l'atmosphère peut y ajouter une source inépuisable de fécondité, si l'on sait en tirer parti, qu'elles sont essentiellement productives des légumineuses et du grain, et qu'une fois relevées, elles ne réclament pas, comme les sols siliceux, la chaux ou les phosphates sans lesquels la paille est toujours plus abondante que le grain.

Toutefois, bien qu'il soit chaque jour démontré plus clairement que les engrais de commerce organiques ou minéraux peuvent rendre de grands services, il faut pourtant reconnaître que leur mérite même devant les faire renchérir progressivement en rend l'emploi de plus en plus difficile à la plupart des cultivateurs.

Sans cela leur véritable place serait partout, dans la culture intensive où on les utilise afin d'obtenir de grands produits, comme dans celle des mauvais sols où ils serviraient à donner une première impulsion destinée à les ramener rapidement à la fertilité.

Il y a donc là pour ces derniers, à côté de la création des pâturages, un moyen de préparer une amélioration sérieuse et durable, de créer des fumiers et des prairies artificielles ; mais un moyen d'améliorer n'est pas l'amélioration même, surtout s'il menace de n'être bientôt plus à la portée de tous.

Arrivons donc au troisième, à celui qui peut compléter une entreprise souvent difficile et quelquefois ruineuse, quand on s'applique à restituer au sol, par les moyens ordinaires, non-seulement tout ce qui lui a été enlevé depuis longtemps, mais encore ce qu'imprudemment ou par nécessité l'on en réclame sous forme de récoltes épuisantes et continues.

IV.

Après avoir examiné le moyen le plus simple mais non pas le plus rapide d'améliorer les mauvaises terres en en tirant parti mais en concentrant tontes les ressources de l'exploitation sur une surface restreinte, il fallait accorder aux engrais de commerce organiques ou minéraux la place qu'ils méritent d'occuper.

Autrement on aurait pu croire que nous attribuons à l'action de l'atmosphère une puissance exagérée.

Il n'en est rien cependant car il n'est point douteux, que partout où le sol a été amené à un état complet d'épuisement, c'est par les engrais du commerce que l'on pourrait donner l'impulsion première à la suite de laquelle l'amélioration serait obtenue avec facilité par les éléments organiques que la plante ainsi fortifiée peut receuillir dans l'air.

Mais on sait qu'elles sont les difficultés qui s'opposent à leur emploi dans les mauvais sols, presque toujours exploités par des cultivateurs dont la fortune, l'esprit d'initiative ou les connaisances spéciales ne sont pas à la hauteur de la situation. Comment en serait-il autrement quand nous avons vu M. G... lui-même, nier en pleine réunion d'une grande société d'agriculture l'efficacité du phosphate de chaux que nous avions expérimenté d'une manière si publique et si sûre depuis plus de vingt ans ?

Nous ne parlerons pas non plus de la formation des nitrates qui ne peut s'obtenir dans tous les sols, et qui, d'ailleurs, se fait tout naturellement sans aucun travail de l'homme.

Mais nous allons jeter un coup d'œil rapide sur les lois générales qui président à la végétation.

Sur les plateaux élevés ou dans les grandes plaines dont le sol est infertile, les plantes ne commencent à verdir qu'assez tard au printemps pour sécher dès les premières chaleurs. Le vent y souffle avec violence ; la rosée disparaît aussitôt après le lever du soleil, la pluie ne fait qu'y passer. La paille et le fourrage y font défaut, tandis que dans la plaine plus étroite et plus basse qui environne des cours d'eau, l'herbe renaît sans cesse luxuriante et vigoureuse sous les pas des animaux qui ne parviennent pas à la détruire.

Dans les parties arides des terres supérieures ou des coteaux, les principes de la richesse sont entraînés, la pierre et l'argile restent à découvert, et il semble que le cultivateur qui les occupe est destiné à voir peu à peu se perdre au profit des sols inférieurs tout ce qu'il enfouit à grands frais dans son exploitation de substances fertilisantes.

Que l'on ajoute à cette cause incessante de détérioration celle qui résulte de la fermentation des fumiers, de la perte d'engrais subie dans les champs ou sur les routes, de tant d'autres causes qu'il serait trop long d'énumérer, et l'on comprendra que la moitié pour le moins des principes les plus riches des récoltes disparaît chaque année de la plupart des fermes sans jamais y revenir. La consommation publique, les effets tout puissants des pluies d'orage, l'évaporation de l'ammoniaque sont autant de causes d'épuisement dont le cultivateur, malgré tous ses efforts, ne pourrait jamais triompher s'il ne trouvait dans l'action incessante de la nature un appui d'une énergie extraordinaire.

Des hommes éminents tels que MM. Liebig, Ville, De Molon et tant d'autres, en voyant cette destruction lente de toutes les forces de la production se sont inquiétés et ont cru à la disparition dans un avenir plus ou moins prochain des principes les plus utiles au développement des plantes.

Mais alors comment se fait-il qu'au moment où l'agriculture ne s'occupait pas encore de restituer au sol par les engrais du commerce tout ce qui lui était enlevé par les récoltes, on voyait la production s'élever peu à peu, comme le prouvent les statistiques les plus certaines? Et chose étrange, sous l'influence des assolements biennal et triennal qui fournissaient continuellement du grain, parfois dans des terres qui ne recevaient jamais d'engrais et avant tout emploi des plantes fourragères légumineuses, comment cette disparition continuelle des éléments de la fertilité, sans compensation apparente, a-t-elle pu se traduire en un fait contradictoire qui a été l'amélioration réelle du sol ?

Pour cela, il y a deux causes certaines qui sont, d'une part, la supériorité des cultures et l'augmentation de la profondeur de la couche arable, et de l'autre l'apport constant de richesses qui provient de l'atmosphère.

Cet apport incessant, éternel qui a créé originairement la couche végétale du globe et qui, nous l'avons dit, la forme où l'améliore avec une grande rapidité partout où les plantes couvrent la terre, nous l'avons expliqué déjà dans notre conférence publique, faite à Nancy, le 19 juillet dernier, en parlant du rôle de l'atmosphère.

Certaines plantes améliorent le sol avec une énergie d'autant plus grande qu'elles fournissent des récoltes plus considérables, voilà une vérité irréfutable sur laquelle doit reposer l'avenir de notre agriculture. L'atmosphère enlève et restitue sans cesse, d'où il résulte qu'il ne s'agit que d'ouvrir la main et que le cultivateur est maître de l'amélioration de sa terre, qui est chose toute naturelle.

Enfin, il importe d'augmenter la fertilité du terrain puisque la concurrence de l'étranger comme l'élévation du prix de la main-d'œuvre ne permet plus les petites récoltes ; mais si l'on peut sans frais et sans peine développer la fortune publique, améliorer le sol et fournir abondamment à la consommation, ne sera-ce point la solution de l'un des plus grands problèmes qui inquiètent les temps modernes.

V.

RÔLE DE L'ATMOSPHÈRE POUR DÉTRUIRE ET POUR CRÉER.

Citons quelques faits pour démontrer combien sont dissemblables les résultats que produit en agriculture l'action de la même cause, et nous comprendrons facilement ensuite quel parti l'on pourrait tirer de la richesse inépuisable renfermée dans l'atmosphère.

Bien des fois après l'hiver, nous avons remarqué avec étonnement la vigueur de la végétation, qu'un peu de paille, de fumier ou de mauvaise herbe avait produite en l'abritant ou en se décomposant. En été, au contraire, il nous est arrivé de faire étendre une première coupe de trèfle sur la terre pour donner plus de force à celle qui devait lui succéder, ou bien nous avons laissé séjourner du fumier à la surface du sol ; et dans un terrain sec, sur un plateau élevé, peu de temps après, c'était à peine si nous en retrouvions quelques débris sans que la végétation eût profité d'un apport assez important d'éléments de richesse ainsi perdus.

Si la quantité d'herbe ou de paille laissée sur place était considérable, elle se détruisait peu à peu tout en étouffant les plantes qu'elle recouvrait. En hiver elle se serrait pour se confondre avec le sol et augmentait la vigueur des végétaux couverts.

Les phosphates si utiles dans une terre siliceuse acide exerçaient une influence défavorable dans un terrain sec et pierreux ou l'élément calcaire dominait. La place où dans, les défrichements des forêts l'on avait établi des meules à charbon fournissait indéfiniment de grandes récoltes au milieu des champs les plus stériles.

Les engrais verts, contrairement à l'opinion généralement répandue, avaient des effets tout aussi avantageux et aussi durables que les fumiers, bien qu'ils tirassent évidemment du sol qui les avait fournis, une partie des éléments qui les constituaient.

Mais ce que nous avons surtout remarqué avec le plus d'étonnement, c'est l'action incessante de l'atmosphère et le double effet qu'elle produit.

Continuellement elle détruit ; continuellement elle crée. Sous son influence, d'un côté la fermentation, la décomposition des matières organiques; mais de l'autre, la reconstitution, la réunion dans une foule d'individualités des éléments disséminés de toute part, en sorte que l'homme assiste perpétuellement à la manifestation de cet admirable phénomène du triomphe de la vie sur la mort, celle-ci devenant la cause incessante et le principe même de la première. Chaque fois que le printemps revient et que la température s'élève, commence sous l'action de la chaleur et de l'humidité cette désorganisation de tous les débris végétaux qui sont livrés à l'absorption de l'air et qui sont disséminés par le vent d'une manière égale sur toute la surface du globe, tandis que sans cette loi toute puissante ils seraient restés à la place même où ils avaient été détruits, et que la distribution providentielle de la richesse qui est destinée à féconder l'univers n'aurait pu se réaliser.

Les molécules sans nombre où dominent l'azote et l'acide carbonique se joignent aux produits de la respiration des animaux, et le cultivateur est libre, pour ainsi dire, de laisser emporter au loin par les pluies ou par le vent, la plus grande partie des éléments qui devaient fertiliser son exploitation, ou bien, s'il a compris qu'il est environné de trésors infinis qu'il peut recueillir en ouvrant la main, il emploie les moyens que lui suggère l'expérience pour tirer parti du double phénomène qui se produit continuellement dans l'infini ; et il recueille sans effort, sans frais et en abondance la manne céleste qui descend sur la terre ouverte ou sur les plantes et qu'il n'a plus qu'à recevoir.

C'est dans les terres stériles, surtout lorsqu'elles sont élevées qu'il faut nécessairement tirer parti d'une si grande richesse, puisque tout apport d'engrais y est onéreux, impossible et parfois inutile.

On objectera sans doute que les fumiers étendus sur la terre donnent souvent de bons résultats, et que par conséquent il ne faut point s'inquiéter de l'action dissolvante de l'atmosphère. Mais l'expérience nous a démontré que cela n'a guère lieu durant l'hiver, parce qu'alors il n'y a point de fermentation, de sorte que les eaux pluviales, si la terre n'est pas durcie à la surface n'agissent que mécaniquement pour faire descendre l'engrais et non pour l'entraîner; mais il ne semble guère que l'on puisse formuler de proposition ni avancer de fait sérieux contre ce principe que, *sous l'influence de la chaleur et proportionnellement à l'élévation de la température* l'air exerce continullement un double effet de dissolution et de reconstitution, que le cultivateur peut à son choix, pour ainsi dire, **en** subir les conséquences ou en tirer un parti merveilleux, et que là est le plus sûr moyen d'enrichir rapidement sans faire des sacrifices quelquefois impossibles les terres les plus stériles.

VI.

JACHÈRE MORTE. JACHÈRE VERTE ET COMPOSTS
NATURELS.

De ce que les corps organisés formés déjà de
ce que leur a fourni la terre comme de ce qu'ils
ont reçu d'en haut disparaissent par l'effet
d'une décomposition, d'une destruction inces-
sentes, il suit nécessairement que l'atmosphère
comme l'Océan finiraient par les absorber s'ils
n'étaient appelés à reconstituer peu à peu des
êtres nouveaux pour reparaître sous d'autres
formes suivant l'admirable allégorie des anciens
qui faisaient renaître éternellement de ses cen-
dres le phénix livré aux flammes.

Les Grecs nous ont aussi transmis la méthode
si longtemps acceptée de la jachère, qui a rendu,
qui rendra encore d'immenses services, et qui,
dans les sols stériles, étant bien comprise et
améliorée, métamorphosée même, pourra exercer encore la plus heureuse influence.

N'oublions pas qu'elle a permis d'entretenir
le sol dans un état de fertilité satisfaisant durant
une longue série de siècles, le plus souvent
sans aucun apport d'engrais, ce qui indique
bien, comme on l'a d'ailleurs démontré tant

de fois, que les eaux pluviales par un apport considérable, et l'air par l'acide carbonique, l'azote et les autres éléments qu'il fournit aux plantes, jouent un rôle de la plus haute importance dans la production des récoltes.

Il importe de reconnaître que jusqu'au moment où l'emploi des prairies artificielles s'est généralisé par suite de l'élévation du prix du bétail qui autrefois n'avait aucune valeur, cette jachère était éminemment utile, et a été trop légèrement condamnée puisqu'elle empêchait l'exploitation abusive du sol au point de vue de la production épuisante du grain et au profit de la consommation des villes.

Mais autant il serait insensé maintenant pour l'agriculteur qui est en mesure d'exploiter un sol riche dont il dispose, de baser son travail sur cette méthode, autant ce serait folie de vouloir obtenir sans cesse des récoltes dans un terrain épuisé, privé d'engrais ou empoisonné par le chiendent.

La production doit suivre l'état du sol et être mise en rapport avec sa fertilité. Demander à celui qui a peu, c'est l'épuiser, exiger de qui ne possède rien, c'est pis encore.

Supposons une terre qui n'est en situation de donner que l'équivalent de 100 fr. à l'hectare. Les frais seront de 150 fr. pour une année, et ensuite elle ne fournira plus que des récoltes d'une valeur de 60 à 80 fr. Le beau résultat : se ruiner en frais improductifs et épuiser la terre! Tandis que si l'on cherche plutôt à l'enrichir à frais réduits elle donnera aussitôt et pour longtemps des produits de quelques centaines de francs, et assurera ainsi la fortune de l'agriculteur.

Sans doute le repos est inutile au sol. *Il faut même qu'il produise toujours*, mais quoi et dans quel but ? Telle est la question. A mesure que la richesse de la terre augmente il faut chercher à en tirer parti et en obtenir jusqu'à plusieurs récoltes dans une même année. Mais il est des situations où une seule passsable est même impossible, dût-elle après avoir été enlevéeau sol lui être restituée ; et c'est à cette situation que répond la présente étude.

Comparer des terres qui donnent un produit de 100 fr. à l'hectare à celle qui en donne 10000 ! étrange erreur. Il ne s'agit pas de repos ici, mais de perte ou de profit et du simple bon sens.

D'ailleurs les terres trop chargées d'azote si elles ne le fournissaient pas aux plantes le rendraient en partie à l'atmosphère. Ne voit-on pas les fumiers se réduire en terreau usé et infertile. L'excès d'azote doit donner des récoltes. Le défaut d'azote doit au contraire appeler la création des engrais.

Ajoutons cependant que grâce à la propriété qu'ont la plupart des terres stériles de s'ameublir facilement, et à la possibilité que l'on a d'introduire partout les plantes améliorantes, fourragères ou autres qui facilitent l'accroissement de la richesse du terrain aux dépens de l'atmosphère, il est possible de faire produire sans cesse au sol le plus aride au moins de l'engrais ; que là même est le gage du succès, mais à la condition expresse, avant d'améliorer indirectement par les fourrages qui ne sont généralement rendus à la terre qu'après de nombreuses déperditions, de hâter l'amélioration par l'enfouissement de certaines plantes vertes, ainsi qu'on l'a pratiqué de temps immémorial, et en étudiant avec soin leur emploi comme leur effet. Le moyen n'est pas nouveau, et c'est ce qui en fait la valeur. Mais l'application est mauvaise ou mal faite, et c'est là qu'il faut apporter la lumière.

La jachère verte bien comprise, et par là il faut entendre l'emploi intelligent des engrais végétaux; puis le compost naturel qui complète la méthode; tel est le procédé qu'il faut étudier avec le plus grand soin et qui doit servir de transition entre la jachère morte qui ne fait que recevoir, mais non prendre, la richesse venant d'en haut, et la culture intensive qui donne le maximun de produits dont elle est capable. Oui, c'est entre ces deux points extrêmes que se trouve celui où non-seulement le sol reçoit, mais où de plus la plante absorbe, en doublant ainsi les causes de fertilité.

Toutes les terres stériles qui ne suivent point le développement du progrès en France pour des causes qu'il serait trop long d'énumérer peuvent être infailliblement, et dès la 2ᵉ rotation, ainsi que nous l'avons reconnu dans nos expériences dont les moindres ont toujours été faites sur quatre hectares d'une seule pièce, amenées à doubler les recettes, et cela dans des situations où les débuts de l'exploitation donnaient avec les méthodes habituelles des résultats désastreux.

De plus la durée des effets avantageux produits par les composts naturels dont nous parlerons tout à l'heure a été en moyenne de cinq années, ce qui s'explique surtout par la faculté que possède l'humus d'absorber de nouveaux éléments de richesse ou de conserver plus facilement que la terre ceux que lui apportent les eaux pluviales.

Voyons maintenant à nous rendre compte de l'effet que doivent produire les végétaux dicotylédons ou monacotylédons, les graminées, ou les légumineuses, etc.

Ne semble-t-il pas en voyant sortir de terre la première végétation de ces deux sortes de plantes, que dès ce premier jour le rôle qu'elles doivent jouer leur a été parfaitement assigné. Les deux lobes qui représentent l'être entier et qui, par un effet inconcevable soulèvent et brisent la croute durcie de la terre pour porter au-dehors la vie même du végétal, tandis que les graminées, céréales ou autres, percent la surface du sol au moyen d'une aiguille mince, et laissent enfouis les éléments de richesse qui nourrissent le sujet durant son premier âge, un pareil phénomène ne semble-t-il pas indiquer dès lors que les unes sont destinées à vivre aux dépens de l'air, les autres plus particulièrement aux dépens du sol? Puis en cherchant bien, sauf quelques rares exceptions, ne reconnaît-on point qu'en réalité, quoique dans une proportion moindre qu'on ne le pourrait croire, et sous la réserve d'explications détaillées celles-là sont des plantes améliorantes et celles-ci des plantes épuisantes, précisément parce que les unes prennent au sol la plus grande partie de leur nourriture, et que les autres la puisent dans l'atmosphère assurant ou préparant la fertilité du terrain en y apportant le tribut illimité que l'atmosphère est toujours prête à lui fournir.

Néanmoins on a vu que les graminées agissent par le gasonnement dans les situations mauvaises, et que leurs racines nombreuses, si elles prennent beaucoup à la terre, sont aussi toujours prêtes à recueillir avidement les principes que leur apportent les eaux pluviales, tandis que leur feuillage entrelacé à la surface du sol les aide à absorber ou à retenir ces mêmes principes, à filtrer ces mêmes eaux, de sorte que si elles ne semblent pas prendre l'azote dans l'air cependant elles en tirent une quantité d'acide carbonique considérable qui ajouté aux produits de la décomposition des radicelles forme de l'humus assez lentement, mais d'une manière certaine.

Aussi voit-on poindre aussitôt une pensée nouvelle. Puisque les graminées absorbent l'acide carbonique dans une quantité probablement égale à celle des légumineuses, proportionnellement à la surface de leurs feuilles l'acide carbonique ou plutôt l'humus formé par ces plantes enfouies ne joue-t-il pas un rôle plus important qu'on ne lui attribue, et tout en accordant la suprématie aux plantes légumineuses pour fournir des engrais riches, ne peuvent-elles de même par les propriétés physiques des substances qu'elles apportent jouer un rôle de premier ordre?

Est-ce que les pailles des céréales ne composent pas la meilleure litière, est-ce que pour recueillir l'engrais atmosphérique elles ne présentent pas de grands avantages, est-ce que dans le sol elles ne rendent pas aussi d'immenses services analogues à ceux que l'on demande au fumier, etc.? Voilà ce qu'il importe d'examiner.

Toutefois ne perdons pas de vue que les plantes enfouies au début de la floraison renferment plus d'éléments de richesse que celles qui sont parvenues à leur maturité et dont les feuilles inférieures ont déjà perdu quelques principes utiles, que la dessication du végétal coupé se fait rarement sans que les alternatives de vent et de soleil agissent plus énergiquement encore dans le même sens, et que le fourrage livré au bétail lui abandonne une grande partie de ses éléments, sans compter la déperdition qui résulte de la fermentation des fumiers, du lavage sous l'influence des pluies, de l'absorption après l'épandage et surtout du retard dans l'emploi de l'engrais qui ne parvient au sol qu'un an après. En somme le fumier comparé à l'engrais vert peut retarder le cultivateur d'une année, et quand il s'agit de refaire une propriété, c'est un grand mal.

Non que nos condamnions l'élevage, l'entretien et l'engraissement du bétail. Non-seulement ce serait une grave erreur, mais de plus ce serait condamner le travail que nous avons fait sur l'alimentation des bêtes bovines, et qui a été récompensé par la société des agriculteurs de France. Nous n'avons pas changé d'opinion, mais il ne faut pas perdre de vue qu'il s'agit ici des sols stériles où les capitaux sont rares, où il faut tout calculer, où les prairies artificielles produisent peu, où il faut enfin des moyens exceptionnels et rapides pour créer la fertilité.

Parlerons-nous des expériences de MM. Brandes, Barral, Leclerc, etc., de tant d'autres agronomes tels que M. Boussingault, sur l'apport des eaux pluviales et l'absorption de l'azote ou d'autres gaz par les légumineuses en première ligne, et par toutes les autres plantes? Cela paraît inutile, et il semble qu'il suffit d'avoir fait comprendre quels sont les degrés successifs de l'amélioration du sol à partir de la dénudation que causent les ravages des eaux pluviales sur les montagnes et puis sur les terres tassées, appauvries et privées d'herbe pour arriver aux sols gazonnés, puis à la jachère morte qui reçoit, puis à la plante qui ajoute à ce rôle passif celui d'une action et d'une absorption sur laquelle reposerait entièrement l'amélioration de toute espèce de sol si çà et là et depuis peu d'années l'on n'ajoutait aux fumiers ou à l'enfouissement des végétaux comme à l'apport des eaux pluviales quelques engrais minéraux qui seuls en analysant bien les faits sont pris en dehors de l'air ou de la propriété que l'on exploite.

Nous reconnaissons donc volontiers que la jachère morte peut ou doit être supprimée dans tous les sols où l'abondance des mauvaises herbes ne force pas à employer des moyens suivis de nettoyage par la culture, mais point du tout pour céder la place à des récoltes qui achèveraient de ruiner un sol déjà appauvri ; car là, il faut les prairies artificielles parmi lesquelles se trouve le mélilot de Sibérie, et quand ces prairies ne peuvent encore réussir, la jachère verte, c'est-à-dire les engrais végétaux bien compris, afin d'enrichir le sol plutôt que de l'épuiser et de préparer ainsi la production de plusieurs années au moyen d'une dépense insignifiante.

Plus que jamais, à l'avenir on comprendra qu'avec le prix chaque jour plus élevé de la main-d'œuvre les récoltes épuisantes et successives enlevées à une terre qui réclame l'amélioration seraient le comble de la folie ou de l'imprudence, et que lorsqu'on ne pouvait avoir d'autre but que l'obtention du grain, la jachère morte avait sa raison d'être, comme aujourd'hui la jachère verte où la création des prairies devient la base de l'agriculture moderne.

Enfouir la plante qui donne naissance à une autre plante est d'ailleurs parfaitement logique, et c'est là un engrais aussi complet que tout engrais du commerce portant ce nom, surtout lorsque cette opération a lieu dans un sol calcaire où la combinaison des végétaux avec les sels minéraux fournis par la terre forme dans son entier un *compost naturel* qui ne coûte presque rien, qui se trouve à la place où il doit exercer son action et qui donne toujours des résultats excellents pour la production comme pour la durée.

Mais il peut se présenter deux faits qui feront modifier un système dont la simplicité égale l'efficacité dans la situation qui vient d'être indiquée.

Supposons une terre absolument stérile, où aucune végétation capable de donner une récolte ou d'enrichir le sol ne puisse être obtenue, ou bien un sol siliceux privé des phosphates et de la chaux qui sont indispensables à la formation du grain ou même à l'évolution complète de la végétation.

Là, suffira-t-il de confier une semence à la terre pour obtenir de l'engrais.

Non, évidemment, puisque dans le premier cas la plante ne viendra pas avec assez de vigueur pour apporter les principes de la richesse, et que dans le second elle périra avant le temps ou n'apportera pas à celle qui doit lui succéder tous les principes nécessaires à son développement. Cela nous est arrivé, principalement sur la côte de Malzéville où d'abord le sarrasin sur jachère ne pouvait fournir de végétation. Là il fallait, comme il faudra dans une situation analogue, donner le premier élan aux plantes au moyen d'une demi fumure quelconque.

Mais qu'il nous soit permis de dire que la jachère morte malgré les avantages qu'elle peut présenter dans le cas où la mauvaise herbe la rend nécessaire ne semble pas conserver, si elle les reçoit, tous les éléments de fertilité que lui fournissent les eaux pluviales, et qui sont estimés par certains chimistes à l'équivalent de 4000 kilog de fumier de ferme, selon d'autres à bien plus encore. Ou bien l'atmosphère reprend une partie de ce qu'elle a donné, ou bien il manque à tous les engrais qui n'ont pas pour base le carbone, la plante décomposée, ce que nous avons appelé la litière de l'air, quelque chose enfin qu'elle seule peut fournir et qui *sert à absorber et à conserver les gaz fertilisants;* car il est évident qu'une terre très riche en azote ou bien trop pauvre, s'enrichit ou bien perd quelquefois par la jachère; le fait nous a été démontré et à nos yeux il n'y a pas d'amélioration, pas d'avenir pour la terre, pas de conservation dans le sol des éléments de la richesse, pas de création de cette même richesse sans l'apport de ce qui ameublit les terres compactes, de ce qui conserve l'humidité durant les périodes de sécheresse dans les plus légères, de ce qui absorbe à la fois les gaz fertilisants, de ce qui prend et conserve, puisqu'il semble certain, après les expériences nombreuses que nous avons faites, que la plante absorbe encore après avoir cessé de vivre si elle est enfouie dans le sol. Elle ne perd que si elle est à la surface et soumise à des alternatives d'humidité et de sécheresse, le vent enlevant ce que l'eau a décomposé. Mais sans les détritus végétaux, les gaz semblent toujours tendre à s'échapper

C'est dans la terre toujours un effet d'absorption semblable à celui du charbon et de la paille ; ce sont ensuite d'autres effets physiques par lesquels les végétaux ne se nourrissent que lentement de ce que renferment les plantes ou la paille qui leur livre peu à peu ses principes de fertilité.

C'est enfin la nécessité absolue de l'humus qui ne permet pas de trouver un engrais complet ailleurs que là où il se trouve, et qui, s'il disparaît rapidement sous l'influence des engrais minéraux qui aident à sa décomposition ou à son absorption parce qu'ils donnent à la plante la vigueur nécessaire pour absorber par les feuilles et les racines, laisse bientôt le sol dans un état de siccité, d'épuisement et d'impuissance que lui seul pourra faire cesser.

Répétons-le donc avec assurance, l'engrais complet, c'est la plante complète ; l'engrais riche, c'est cette même plante avec l'addition des substances qui forment le grain ou la partie la plus riche du végétal, les phosphates, la chaux, etc., si malgré des cultures profondes ces éléments font défaut dans le sol. Nous ne parlons pas de l'azote, dont l'utilité est bien connue, parce que nous aurons à revenir sur la question.

Il faut, avant tout, bien dire et répéter que la chimie ne peut seule indiquer par l'analyse quelle est la valeur d'un engrais. C'est là une des erreurs qu'il faut combattre, non pour nier la mérite des engrais minéraux, mais pour leur assigner une place éminemment utile, non-seulement au point de vue de la production des récoltes à exporter de la ferme, mais aussi et surtout à l'égard de celles qui doivent arriver au sol immédiatement ou après avoir été préalablement utilisées pour le bétail.

Toutefois, ne quittons point les sols stériles puisqu'il s'agit d'eux avant tout.

Quand ils seront tellement épuisés qu'ils ne pourront fournir aucune végétation sans un premier apport d'engrais, il sera sans doute très-utile de donner l'impulsion à cette végétation au moyen de quelque substance qui permettra à la plante de se développer et de prendre à l'atmosphère les éléments nécessaires à sa constitution.

Il faut avoir cultivé des sols de diverses natures pendant de longues années pour bien apprécier l'utilité et surtout l'effet plus ou moins durable de tous les engrais imaginables.

Sur les plateaux arides ou dans les montagnes c'est l'humus qui fait défaut et les fumiers comme les plantes vertes y sont le principe de la richesse. Plus bas il semble que les engrais commerciaux doivent jouer un rôle de même valeur, tandis que dans la plaine la plus basse et la plus humide, quand on se rapproche des tourbes où les débris végétaux surabondent, ce sont les phosphates et la chaux qui, en se mélangeant avec les principes organiques forment ce véritable engrais complet dont l'humus doit être la base pour qu'il produise des effets utiles et durables.

Il arrive quelquefois, mais pourtant il est rare qu'une terre soit assez épuisée pour ne pouvoir fournir une fumure verte si l'on a soin de la bien ameublir, car les plantes qui donnent le plus facilement ce résultat végètent aisément dans un sol pauvre s'il a été convenablement ameubli. Le sarrasin, par exemple, refusera rarement de végéter dans les terres arides dont la sécheresse même facilite l'ameublissement. Néanmoins puisqu'il nous est arrivé d'en cultiver de si pauvres qu'au début de leur exploitation nous ne pouvions y en obtenir, disons qu'alors et comme point de départ il nous a fallu pour faire sortir quelque chose du sol même un peu de verdure destinée à y rentrer, recourir aux engrais commerciaux.

Les plus sûrs dans ce cas, sont les poudrettes, les engrais organiques d'une décomposition facile qui agissent immédiatement partout et en petites doses, à moins d'une sécheresse extraordinaire, et qui de plus aident à la formation d'un engrais très-riche par la combinaison des végétaux avec l'addition d'une substance plus concentrée et plus active. Mais dans les terres siliceuses, comme dans celles où prédominent les principes organiques, c'est la chaux ou les phosphates qui doivent être employés préférablement si l'on veut obtenir l'effet le plus durable et le plus certain; alors on y crée un véritable compost sans grande dépense, tandis que dans les terrains calcaires non épuisés le compost se fait naturellement par le seul emploi des engrais verts qui s'ajoutent aux principes minéraux. Ainsi donc les engrais verts dans un sol calcaire à demi épuisé, la jachère verte avec une addition d'engrais azotés dans le même sol ruiné, quelquefois une demi fumure pour assurer la bonne végétation de la plante engrais, tels sont les moyens, suivant qu'on peut ou non les employer complétement, qui doivent amener les plus mauvaises terres à la fertilité, et cela quelquefois par des dépenses presque nulles et avec une grande rapidité.

Or, qu'est-ce qu'une terre stérile qui, au moyen d'un engrais commercial, produirait une récolte en continuant de s'effriter, de devenir ingrate suivant l'expression employée par les praticiens? Et que signifierait dans de pareilles conditions de vouloir se trouver toujours en présence, qu'on nous permette cette comparaison du tonneau des Danaïdes qu'il faudrait toujours remplir et qui tous les ans se retrouverait absolument vide. Quel travail insensé !

Eh ! bien ! comment parvenir au double résultat de la production des récoltes et de l'amélioration simultanée, sinon en reformant l'humus dans la terre stérilisée et en y accumulant ainsi l'eau et les gaz que le carbone et la paille absorbent si facilement.

On sait que le terreau absorbe 175 0/0 de son poids d'eau, le sable 25 0/0 seulement, une terre ordinaire 50 0/0 en moyenne, et cela ne suffit-il pas pour faire comprendre combien les détritus végétaux non seulement au point de vue de la richesse qu'ils peuvent renfermer en eux-mêmes mais aussi pour celle qu'ils reçoivent, conservent ou abandonnent lentement devront rendre de services dans les sols ou règnent la sécheresse et l'aridité.

Le charbon et la paille absorbant aussi les gaz tels que l'azote (ce qui explique peut-être pourquoi la paille vieille est plus riche en azote que la nouvelle), l'humidité étant d'ailleurs nécessaire à l'action des racines et à l'évolution de la sève, la nécessité de l'ameublissement du sol étant prouvée par l'infinité des radicelles, enfin l'utilité de l'eau étant reconnue et affirmée chaque jour d'avantage par les efforts que l'on fait pour en doter les grandes plaines du midi, il n'est pas permis de douter du rôle de première importance que dans les situations où règnent la sécheresse et l'aridité, jouent ces débris végétaux qui sont l'âme de la plaine humide et le bien tant désiré de la montagne, des plateaux élevés et des pays méridionaux.

L'amélioration des mauvais sols repose donc presqu'entièrement sur l'accumulation de l'humus qui a pour base le carbone fourni par l'atmosphère au végétal et par suite de l'azote que la plante vivante a absorbé et que cette même plante morte absorbe encore si elle en est peu pourvue ou dégage lentement lorsqu'elle en est saturée.

L'eau et les gaz abandonnent facilement la terre privée de débris végétaux et c'est ce qui semble résulter des grandes expériences d'après lesquelles nous avons reconnu que le sol se tasse et s'épuise lorsqu'il manque des corps absorbants, perdant alors au lieu de gagner comme cela a lieu s'il renferme de l'humus ou s'il y est aidé par des plantes qui puisent dans l'air ambiant au moyen de leur feuillage.

On voit par là que si nous croyons à la haute valeur de la jachère verte qui enrichit là où les récoltes pourraient ruiner le cultivateur et épuiser le sol, nous sommes bien loin d'affirmer que le repos y est nécessaire puisque nous affirmons au contraire que le plus pauvre, s'il est dénué de mauvaise herbe comme cela d'ailleurs a lieu généralement parce que la stérilité éloigne la végétation, peut et doit fournir sans cesse un produit à exporter directement ou bien à utiliser soit pour le bétail soit pour lui-même comme engrais immédiat.

Mais s'il est vrai de dire que le moyen le plus sûr comme le moins onéreux d'améliorer les sols stériles consiste à y remplacer la jachère morte par la jachère verte ou par le compost naturel, examinons quelques procédés pratiques de semailles d'automne et de printemps que nous avons expérimentés dans ce but.

VII.

Si l'on veut obtenir un engrais vert très précoce il faut employer la navette d'hiver, le seigle, le trèfle incarnat, la lupuline, etc. Le seigle, sans doute, comme céréale n'agira pas aussi efficacement que les plantes légumineuses, mais il rendra le même service que le fumier de ferme dont les effets sont complexes et qui, employé en temps utile agit d'une manière aussi favorable sur la terre que sur les récoltes.

La navette et le colza peuvent être enfouis au printemps, mais il est préférable de les semer plus tôt et de les utiliser dès l'automne parce qu'une partie de leur végétation disparaissant durant l'hiver si l'on veut attendre, est sans contredit une cause d'épuisement qu'il faut compenser ensuite.

Le trèfle incarnat et la lupuline sont préférables et l'on peut encore planter des pommes de terre, semer de l'orge, etc., quand ils ont été enfermés dans le sol.

La seconde coupe du trèfle rouge peut être utilisée de même très avantageusement à l'automne quand les fourrages sont abondants.

La moutarde blanche semée après la récolte

du blé et le sarazin après celle du seigle fournissent des engrais excellents.

Mais dans les terres très stériles la jachère est indispensable pour assurer le succès de cette méthode.

Supposons toutefois que l'on désire par une jachère verte complète doubler tout à coup la fertilité du sol et l'améliorer au point d'être assuré d'obtenir de grandes récoltes pendant plusieurs années.

Pour cela il faut attendre que la terre s'ameublisse facilement sous l'influence des beaux jours de mai ; et c'est alors seulement que l'on y fait entrer la charrue.

On enfouit le produit de la végétation spontanée ou la lupuline ou le trèfle incarnat.

Le temps est venu de semer le sarrasin. L'on herse énergiquement pour achever d'ameublir, puis l'on sème avec ou sans une demi-fumure de poudrette ou d'un autre engrais approprié au sol.

Mais si celui-ci n'est pas encore en assez bon état, on attend le mois de juin pour donner une seconde culture et l'on sème le sarrasin, qui, deux mois après commence à fleurir, et que l'on doit enfouir aussitôt.

Ensuite, pour compléter la jachère verte, on peut encore recommencer la même opération, et sur la terre retournée mettre de la moutarde blanche ou de la navette d'hiver qui végète aussi bien sous l'influence de la fraîcheur de l'automne. Le colza semé en juin-juillet pourrait aussi être utilisé, mais il ne faut pas perdre de vue qu'il s'agit surtout d'un sol pauvre, et que là, le colza ne réussirait qu'à la condition d'être semé sur une demi-fumure préalable, ce qui n'est pas toujours possible.

Enfin, si l'on conseille l'emploi du sarrasin en été, de la moutarde à l'automne, c'est que ces deux plantes présentent alors le maximum de leur végétation. La dernière peut sans inconvénient servir de pâturage en octobre ; la culture en mai rendra le même service sans enlever beaucoup à la terre.

La vesce d'hiver et celle de printemps pourraient aussi être utilisées comme engrais immédiat ; mais en nécessitant une dépense plus élevée, de sorte qu'il préférable de s'en servir pour l'alimentation du bétail et dans des conditions supérieures de richesse, car à pauvre terre il faut de faibles frais.

Proposer le contraire au cultivateur qui les exploite serait véritablement dérisoire.

Le sarrasin craignant la gelée ne doit pas être semé avant le courant du mois de mai, ni enfoui après le 15 octobre dans la moitié septentrionale de la France.

L'excès de chaleur l'empêche de fructifier au midi, mais il nous semble qu'employé de bonne heure aussitôt que les gelées ne sont plus à craindre il doit y réussir comme engrais vert.

On sait quels services le lupin blanc rend en Italie, et l'on emploie en Allemagne le lupin jaune. Mais il nous serait difficile d'en conseiller l'emploi parce que dans nos expériences il a fourni une végétation bien inférieure à celle du sarrasin.

Quant au compost naturel, c'est simplement

la jachère verte à laquelle il faut ajouter la chaux ou les sels minéraux qui manquent à la terre.

C'est l'équivalent du fumier de ferme par exemple, combiné avec le phosphate, c'est plus que l'engrais complet, puisque c'est mieux que la plante entière. C'est cette même plante avec une addition de ce qui constitue ses parties les plus riches et les plus nourrissantes.

Voilà donc en tenant compte de la situation réelle des terrains pauvres, quels sont les moyens qui peuvent les fertiliser, en éloigner la ruine du cultivateur et par suite la cause principale du découragement dont résulte surtout la dépopulation des campagnes. L'effet obtenu ainsi est d'ailleurs le même que celui qui a été employé par la Providence pour former la croute végétale de la terre. Le produit de la décomposition des roches ou des éléments minéraux qui constituent le sol combiné avec l'acide carbonique, l'azote et les autres principes fournis constamment par l'air, sous l'influence de l'humidité, de la chaleur, du vent et de toutes les grandes et éternelles puissances qui régnent dans l'infini, voilà l'œuvre divine et celle que le ministre de la Providence, l'homme enfin, est appelé à continuer par un travail constant sur lequel reposent l'avenir, la grandeur, le bien être et la moralité des sociétés.

Les anciens dont les allégories étaient si profondes et si vraies ont uni le ciel à la terre et du mariage d'Uranus et de Vesta doit naître éternellement l'abondance.

Maintenant demandons-nous quand le culti-

vateur, l'homme réfléchi dont le bon sens vaut
mieux que les plus brillantes qualités, a toujours regardé le fumier comme le meilleur des
engrais et par suite l'apport des éléments végétaux comme le plus important, si ce n'est parce
qu'il a reconnu que sous l'influence de cet agent
de fertilité la terre s'ameublit, s'enrichit, que
les récoltes prospèrent, de sorte que le double fait
de l'amélioration du sol et de sa propre fortune
en découle nécessairement.

Aussi voit-on sous l'influence des détritus
végétaux fournis toujours originairement pour
la plus grande partie par l'atmosphère, le sol
s'ameublir, conserver son humidité, devenir
plus facile à cultiver, la charrue pénétrer plus
avant et fournir plus d'aliments minéraux des
agrégés. De là, conservation de l'azote moins
exposé à l'action du vent ou à la fermentation,
parce qu'il est enfoui à une plus grande profondeur ou mieux combiné avec le charbon.

La terre change de nuance et d'état. Elle est
plus légère, plus douce au toucher. Elle prend
une teinte foncée, ne forme point de mottes
impénétrables aux racines. Elle va de la pierre
au terreau tandis que les engrais de commerce
fussent-ils appelés engrais complet ou engrais
riche aident quelquefois le sol à se dépouiller
de sa véritable richesse, lui laissent son aridité, sa tenacité et aident la plante à absorber
dans les combinaisons dont elle a besoin les
éléments végétaux qui lui sont nécessaires.

Au reste on sait quel peut être le rôle des
engrais commerciaux appelés à juste titre par le
bon sens des cultivateurs des stimulants. Em-

ployés utilement en toute saison s'ils sont azotés, car alors ils se dissolvent avec facilité, mais
surtout à l'automne s'ils nécessitent l'action de
la pluie et de la chaleur ; excellents pour donner
la première impulsion à la terre épuisée, ou
pour former des combinaisons avec les débris
végétaux, avantageux aussi quand le sol est
largement pourvu d'humus, s'ils y apportent
la chaux ou les phosphates, ils trouvent égale-
ment leur place dans la culture extensive si le
cultivateur est en mesure de les employer soit
par suite de connaissances spéciales, soit au
moyen de capitaux dont il dispose, ou bien dans
la culture intensive pour aider les terres déjà
enrichies par les fumiers à produire de grandes
récoltes.

Il résulte de là que dans toutes les terres stériles ou desséchées les engrais végétaux peuvent produire des effets excellents durables et
immédiats à la fois.

Que le midi s'y attache et la sécheresse n'y
exercera plus d'influence fâcheuse. L'humus ac-
cumulé peu à peu dans un sol remué par des
cultures profondes y conservera la fraîcheur
jusqu'à la maturité des récoltes. L'eau mieux
répartie que par l'irrigation la plus habilement
conduite viendra durant l'hiver, ou dès l'automn-
ne et chaque fois qu'il tombera une pluie abondante s'accumuler dans les débris végétaux qui
ne la rendront que peu à peu aux plantes suivant les exigences de leur développement naturel.

Oui, la véritable amélioration des sols épuisés
ou improductifs repose sur la création de l'hu-

mus qui est l'œuvre constante des agents atmosphériques. Avec un peu de prudence et de soin rien n'est plus facile que de les utiliser ainsi, et c'est en se donnant la main pour obtenir un résultat si merveilleux et si simple à la fois que la science et l'expérience peuvent concourir à la création de la richesse nationale la plus importante et la plus sûre.

Toutefois disons un dernier mot avant de résumer ce travail :

Puisque l'atmosphère apporte si facilement ses trésors au sol et aux plantes et qu'elle peut reconstituer ainsi avec une grande rapidité les éléments des engrais organiques enlevées par les récoltes, que dire des phosphates, de la potasse, de la chaux, de tous ces principes minéraux enfin qui disparaissent des fermes par un courant continuel ?

Sans doute la plupart des terres en renferment des quantités considérables. Mais, bien que les engrais organiques se décomposant et disparaissant bien plus vite que les autres soient ceux qu'il faut surtout et sans cesse restituer, bien que l'élève du bétail soit un sauvegarde, il n'en est pas moins certain qu'il y a une limite à toute exportation qui n'est point compensée d'une manière égale et que le cultivateur enrichi par les productions végétales fourragères ou engrais, fera bien quand il sera parvenu dans les sols siliceux à accumuler l'humus d'y ajouter surtout les phosphates de chaux qui sous un petit volume et par conséquent aisément transportables aideront beaucoup à obtenir du grain ou d'autres récoltes épuisantes.

Maintenant posons des chiffres, et voyons ce que coûtera l'amélioration des sols stériles. Prenons un exemple et supposons une ferme de cent hectares dans laquelle on ne peut en y faisant une jachère tous les trois ans obtenir de récoltes rémunératrices, où la luzerne, le sainfoin, le trèfle, aucune plante fourragère, si ce n'est le mélilot que nous écartons tout d'abord, ne saurait donner une bonne coupe à sécher. Il y aura toujours dans cette ferme au moins 25 hectares de pâturages ou de mauvaises prairies. Resteront 75 en culture, ce qui est beaucoup trop puisqu'il faut d'autant moins livrer d'espace à la charrue que le sol est plus mauvais.

L'ossolement est triennal. Il y a donc 25 hectares de jachère. Là où l'on peut mettre du fumier au printemps, on plante des pommes de terre, etc. Restent 20 hectares. Au lieu de les livrer à la jachère morte on y sème du sarrasin en mai-juin à raison d'un hectolitre à 12 francs pour 2 hectares. Cela fait en tout une dépense de 120 fr. Sans doute on peut dépenser davantage et faire mieux. Mais puisqu'on doit cultiver le sol trois fois avant l'hiver, admettons que sur la 2ᵉ culture qui ameublit parfaitement la terre on mette la semence destinée à fournir l'engrais vert et que l'on veuille s'en contenter.

Voilà une amélioration réelle quoiqu'insuffisante, obtenue dès la première rotation achevée sur toute la ferme, c'est-à-dire en trois années.

Dès la quatrième, l'engrais vert profite de l'amélioration obtenue précédemment, et l'on peut affirmer *de visu* que partout où l'on sera arrivé à la deuxième rotation dans un sol pauvre exploité d'ailleurs d'une manière normale, les récoltes seront doublées. C'est ce qui nous est arrivé sur le plateau calcaire de la côte de Malzéville. D'abord le produit moyen du blé n'était que de 7 hect. à l'hectare, avec jachère fumée, tandis qu'avec ou sans fumier la moyenne a été de 14 hectolitres de la sixième à la neuvième année par l'emploi de la jachère verte.

Ce fait se réalisera partout et il y aura progression continue, bien que moins rapide, jusqu'à ce que les plantes fourragères donnent des résultats satisfaisants et les céréales des moyennes égales à celles des sols de bonne qualité.

Sans doute il arrivera un moment où il faudra modifier la méthode de culture, où l'herbe devenant abondante par suite de l'amélioration du terroir, et le cultivateur s'enrichissant, le bétail remplira les étables, sera largement nourri et donnera des bénéfices importants.

Dès lors le fermier cherchera dans cette exploitation rémunératrice une nouvelle source de profits et aimera mieux remplir ses greniers de fourrage que sa terre d'engrais végétaux. Sans doute il aura raison, comme il aurait eu tort précédemment de vouloir adopter un système qui lui aurait fait dépenser beaucoup d'argent pour ne rien récolter.

Le mieux n'était-il pas d'améliorer rapidement au lieu de s'user pendant de longues années, en exportant le plus possible pour payer des frais insoutenables et ruineux qui auraient toujours dépassé le montant des produits.

Il faut absolument dans une mauvaise terre améliorer, mettre dans le sol plus qu'on n'en tire. Toute autre méthode use ou tue, et les fourrages mêmes ne peuvent suffire. Le système qui les y prend pour base amène à mal entretenir un bétail qui dépérit durant l'hiver. L'homme, la terre et les animaux perdent ou s'entretiennent à peine. Il faut économiser toujours, vendre le plus possible, souffrir et faire souffrir sans cesse en se leurrant d'espérances à chaque instant déçues. Le soleil, le vent, le bétail, tout ce qui donne la joie dans la terre fertile, tout ce qui y crée l'abondance devient une source de déceptions et de tristesse dans le sol appauvri, tandis qu'en tendant la main l'on pourrait recueillir à flots la richesse qui est toujours prête à descendre sur la terre préparée pour la recevoir.

VIII.

RÉSUMÉ.

Maintenant, résumons notre travail, mais en insistant sur cette idée qu'il s'agit surtout *des sols stériles et de leur amélioration.*

Pour obtenir ce résultat il ne suffit pas de restituer, d'y rapporter l'équivalent des principes qui en sortent. Ce serait un *statu quo* déplorable puisqu'ils sont improductifs ou ruineux.

Ils sont d'ailleurs exploités par des cultivateurs qui ne veulent ou ne peuvent y faire de grands sacrifices et qui aiment mieux les abandonner que de lutter contre des difficultés sans nombre. De là une cause de découragement et de dépopulation pour les campagnes.

Dans de pareilles conditions les engrais du commerce ne sauraient donner le résultat cherché. Ils deviennent chaque jour plus chers, sont bien souvent falsifiés, d'un emploi difficile, d'un effet presque nul en été.

D'ailleurs, et quoi qu'on puisse croire, ils ne constitueront jamais un engrais complet, parce qu'ils ne renferment pas en quantité suffisante les principes végétaux de toute nature qui exercent une action physique des plus importantes.

C'est de ce côté qu'il faut donc se tourner avant tout, en employant pour améliorer le sol le gazonnement et le pâturage ;

Ou la prairie et le bétail ;

Ou bien la jachère verte et le compost naturel ;

La surface livrée au pâturage doit être en raison directe de la stérilité du sol et la culture en raison inverse.

La prairie convient dans une terre moins épuisée.

Le mélilot de Sibérie est la plante par excellence pour les terres improductives.

Enfin pour hâter l'amélioration il faut remplacer la jachère morte par la jachère verte et les compots naturels.

Le sol le plus pauvre où la mauvaise herbe n'abonde pas, devra donc toujours produire, mais avant tout pour recevoir des engrais végétaux ou immédiats.

C'est la transition la plus fatile entre la jachère morte et la culture intensive.

Les végétaux monocotylédons sont plus épuisants les dicotylédons plus améliorants, précisément, parceque les premiers vivent aux dépens du sol, tandis que ceux-ci y apportent la richesse en vivant surtout aux dépens de l'atmosphère.

Néanmoins la quantité innombrable des radicelles qui forment le gazon des graminées améliore en se décomposant et en constituant l'humus quand la végétation a été comme refoulée dans le sol par le pâturage.

Le gazon, la prairie et les engrais verts tendent au même but : apporter ou conserver à la terre ce que leur fournissent les eaux pluviales et l'atmosphère.

Les végétaux sont l'engrais complet. La plante forme la plante et de plus elle agit physiquement sur le sol pour l'ameublir, y conserver les gaz et l'humidité pour les livrer lentement à la végétation suivant ses exigences naturelles.

Voilà pourquoi les engrais verts sont éminemment utiles dans les terres arides des montagnes ou dans les terres sèches du midi. Ils sont comme la litière de la pluie et de l'air.

Dans les tourbières comme dans la plaine humide ila faut la chaux, le soleil, les phosphates, des moyens opposés enfin, pour donner le même résultat, parce qu'il y a déjà excès de substances végétales qui doivent servir à fertiliser les sols arides.

L'engrais complet outre la nourriture doit fournir à la plante les moyens de l'assimiler, la porosité, l'humidité du sol, etc. L'addition des principes minéraux bien compris forme le véritable engrais riche.

Mais presque toujours ce sont les engrais atmosphériques qui améliorent la terre. C'est la continuation de la formation d'une couche végétale par le mariage d'Uranus et de Vesta. Cette amélioration est donc dans la nature. N'est pas adroit qui l'obtient ; mais maladroit qui ne l'obtient pas.

L'atmosphère prend et apporte sans cesse. La vie succède à la mort et à la désorganisation de tous les êtres. Le cultivateur doit donner le moins qu'il peut à cette atmosphère et tâcher d'en recevoir le plus possible.

L'eau entraîne de la montagne à la plaine te à l'océan, l'océan et la plaine renvoient par par les nuages, le vent et l'air leur tribut de richesse, sans quoi tout s'en irait de la campagne à la ville et la source de la production serait bien vite tarie.

Au reste dans un sol stérile on peut être assuré qu'au moyen de la jachère verte ou du compost naturel la production est doublée dès la 2e rotation, c'est-à-dire en moyenne dans un laps de temps de cinq ou six années. Pour cela il faut une dépense annuelle de six à sept francs par hectare, ce qui ne fait qu'un franc cinquante centimes pour chaque hectare de la ferme où la jachère verte est employée.

Généralement, dans un sol calcaire, où les éléments minéraux sont abondants, le compost naturel suivi durant toute une année suffit pour métamorphoser la terre et l'améliorer d'une manière durable par la combinaison des principes végétaux avec ceux que renferme le sol. Mais en faisant complète la jachère verte, le résultat est immédiat.

Voilà ce que peut faire l'agriculteur en attendant qu'il ait assez amélioré son exploitation pour prendre le bétail comme source principale de ses revenus en assurant le succès des prairies artificielles, telles que les sainfoins, le mélilot, la luzerne, le trèfle, etc.

Nancy. — Imp. G. Crépin-Leblond.

www.ingramcontent.com/pod-product-compliance
Lightning Source LLC
LaVergne TN
LVHW012050030726
842523LV00002B/477